もくじ かけ算九九２年

ページ

JN081631

九九の　ひょう

九九の　ひょう

かけられる数＼かける数	1	2	3	4	5	6	7	8	9
1	1	2	3	4	5	6	7	8	9
2	2	4	6	8	10	12	14	16	18
3	3	6	9	12	15	18	21	24	27
4	4	8	12	16	20	24	28	32	36
5	5	10	15	20	25	30	35	40	45
6	6	12	18	24	30	36	42	48	54
7	7	14	21	28	35	42	49	56	63
8	8	16	24	32	40	48	56	64	72
9	9	18	27	36	45	54	63	72	81

かける数・かけられる数

$3 \times 4 = 12$

かけられる数　　かける数

かける数が　1　ふえると、
答えは　かけられる数だけ
ふえる。
かけられる数と　かける数を
入れかえても、答えは　同じ。

きほん 1

月　　日　　10分

かけ算の　しき

／100点

1 下の　りんごの　数を　かけ算の　しきに　書いて、もとめます。□に　あう　数を　書きましょう。1つ15〔60点〕

❶ りんごの　数は　１さらに　□　こずつ　□　さら分で、□　こです。

❷ ❶を　しきで　書くと、□（１つ分の　数）×□（いくつ分）＝□（ぜんぶの　数）です。

❸ 答えは、□＋□＋□＋□＋□の　答えと　同じです。

❹ りんごの　数は、ぜんぶで　□　こです。

2 つぎの　かけ算の　答えを　たし算で　もとめましょう。1つ20〔40点〕

❶ 8×5

（　　　　　　　　　　）

❷ 3×9

（　　　　　　　　　　）

答えは
63ページ

かくにん 1

月　日　10分

かけ算の　しき

／100点

1 ぜんぶの　数を　もとめる　かけ算の　しきに
なるように、□に　あう　数を　書きましょう。　1つ10〔20点〕

❶ 1台に　4人ずつの
3台分

□×□

❷ 1はこに　6本ずつの
7はこ分

□×□

2 下の　絵に　あう　しきを　Ⓐ～Ⓚから　2つずつ
えらびましょう。　1つ20〔80点〕

❶

（　　　　）

❷

（　　　　）

❸

（　　　　）

❹

（　　　　）

あ	2×3
い	3+3
う	2+2+2+2
え	2+2+2
お	4×2
か	2×4
き	3×2
く	4+4

答えは
63ページ

月　日

10分

きほん 2

何ばい

／100点

1 3cmの　テープの　2つ分の　長さを　もとめます。
□に　あう　ことばや　数を　書きましょう。　1つ15〔60点〕

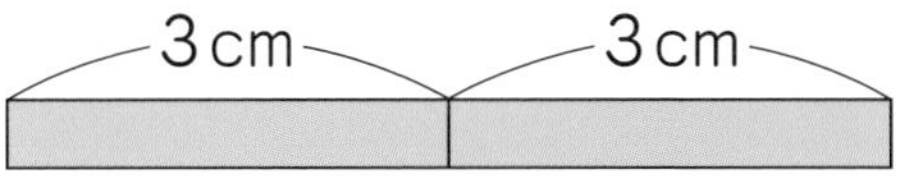

❶ 3cmの　2つ分を　3cmの　□ばいと　いいます。

❷ 3cmの　3つ分を　3cmの　□、
1つ分を　3cmの　□と　いいます。

❸ ❶を　しきで　書くと、□×□＝□です。
（3cm）（2つ分）

❹ もとめる　テープの　長さは、□cmです。

2 かけ算の　しきに　書きましょう。　1つ20〔40点〕

❶ 4cmの　7ばいの　長さ　□×□

❷ 8この　6ばいの　数　□×□

答えは 63ページ

かくにん 2

月　日

10分

何ばい

／100点

1 長さが　4cmの　テープが　3つ　あります。　1つ10〔20点〕

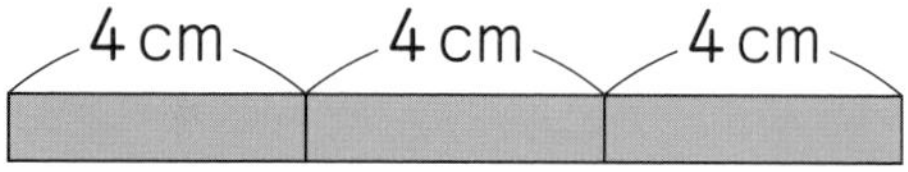

❶ 4cmの　いくつ分ですか。　(　　　)

❷ 4cmの　何ばいですか。　(　　　)

2 いちごの　数を　もとめます。　1つ20〔40点〕

❶ 6この　何ばいですか。　(　　　)

❷ かけ算の　しきに　書いて、答えを　もとめましょう。

【しき】

答え(　　　)

3 かけ算の　しきに　書いて、答えを　もとめましょう。

1つ20〔40点〕

❶ 8dLの　1ばい

【しき】

答え(　　　)

❷ 2本の　9ばい

【しき】

答え(　　　)

答えは
63ページ

月　　日　　10分

きほん 3

5のだんの　九九 ①

／100点

1 □に　あう　数(かず)を　書(か)きましょう。　1つ10〔100点(てん)〕

❶ 5×1＝5　五一(ごいち)が□(ご)　□(ご)×□(いち)＝□(が　ご)

❷ 5×2＝10　五二(ごに)　□(じゅう)　□(ご)×□(に)＝□(じゅう)

❸ 5×3＝15　五三(ごさん)　□(じゅうご)　□(ご)×□(さん)＝□(じゅうご)

❹ 5×4＝20　五四(ごし)　□(にじゅう)　□(ご)×□(し)＝□(にじゅう)

❺ 5×5＝25　五五(ごご)　□(にじゅうご)　□(ご)×□(ご)＝□(にじゅうご)

❻ 5×6＝30　五六(ごろく)　□(さんじゅう)　□(ご)×□(ろく)＝□(さんじゅう)

❼ 5×7＝35　五七(ごしち)　□(さんじゅうご)　□(ご)×□(しち)＝□(さんじゅうご)

❽ 5×8＝40　五八(ごは)　□(しじゅう)　□(ご)×□(は)＝□(しじゅう)

❾ 5×9＝45　五九(ごっく)　□(しじゅうご)　□(ごっ)×□(く)＝□(しじゅうご)

❿ 5×4＝□＋□＋□＋□

答えは
63ページ

かくにん 3

月　　日

10分

5のだんの　九九 ①

／100点

1 ぜんぶの　数を　もとめる　かけ算の　しきに
なるように、□に　あう　数を　書きましょう。　1つ9〔18点〕

❶

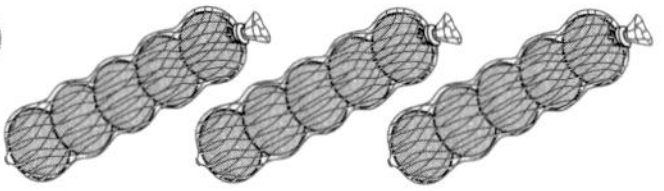

5×□

❷

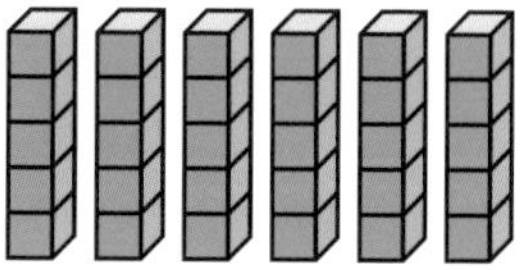

□×□

2 かけ算を　しましょう。　1つ8〔64点〕

❶ 5×9　　❷ 5×3

❸ 5×1　　❹ 5×7

❺ 5×4　　❻ 5×8

❼ 5×5　　❽ 5×2

3 □に　あう　数を　書きましょう。　1つ9〔18点〕

❶ 10－□－30－□

❷ 5－10－□－20－□－30

答えは
63ページ

きほん 4

月　　日

10分

5のだんの　九九 ②

／100点

1 □に　あう　数を　書きましょう。　1つ6〔60点〕

❶ 五一が □　　❷ 五二 □

❸ 五三 □　　❹ 五四 □

❺ 五五 □　　❻ 五六 □

❼ 五七 □　　❽ 五八 □

❾ 五九 □　　❿ 五五 □

2 □に　あう　数を　書きましょう。　1つ10〔40点〕

❶ 5のだんの　九九は、かける数が　1　ふえると、答えが □ ずつ　ふえます。

❷ $5\times6=5\times5+$ □

❸ 5×8 の　答えは、5×7 の　答えより □ 大きいです。

❹ 5cm の　3ばいは、□ cm です。

答えは 64ページ

かくにん 4

月　日　10分

5のだんの　九九 ②

／100点

1 かけ算を　しましょう。　1つ6〔60点〕

❶ 5×3　　❷ 5×6

❸ 5×2　　❹ 5×1

❺ 5×4　　❻ 5×5

❼ 5×8　　❽ 5×9

❾ 5×7　　❿ 5×6

2 答えが　同じに　なる　カードを　ⓐ～ⓔから
えらびましょう。　1つ10〔40点〕

❶	5×8	（　　）	あ	10+10
❷	5×4	（　　）	い	5+5+5
❸	5×7	（　　）	う	5×6+5
❹	5×3	（　　）	え	27+13

答えは
64ページ

きほん **5**

月　　日　　10分

2のだんの　九九 ①

／100点

1 □に　あう　数(かず)を　書(か)きましょう。　1つ10〔100点(てん)〕

	式	九九					
❶	2×1=2	二一(にいち)が □(に)	□(に)	×	□(いち)	が =	□(に)
❷	2×2=4	二二(ににん)が □(し)	□(に)	×	□(にん)	が =	□(し)
❸	2×3=6	二三(にさん)が □(ろく)	□(に)	×	□(さん)	が =	□(ろく)
❹	2×4=8	二四(にし)が □(はち)	□(に)	×	□(し)	が =	□(はち)
❺	2×5=10	二五(にご) □(じゅう)	□(に)	×	□(ご)	=	□(じゅう)
❻	2×6=12	二六(にろく) □(じゅうに)	□(に)	×	□(ろく)	=	□(じゅうに)
❼	2×7=14	二七(にしち) □(じゅうし)	□(に)	×	□(しち)	=	□(じゅうし)
❽	2×8=16	二八(にはち) □(じゅうろく)	□(に)	×	□(はち)	=	□(じゅうろく)
❾	2×9=18	二九(にく) □(じゅうはち)	□(に)	×	□(く)	=	□(じゅうはち)

❿ 2×5=□+□+□+□+□

答えは
64ページ

かくにん 5

月　日　10分

2のだんの　九九 ①

／100点

1 ぜんぶの　数を　もとめる　かけ算の　しきに
なるように、□に　あう　数を　書きましょう。　1つ9〔18点〕

❶ 

2×□

❷ 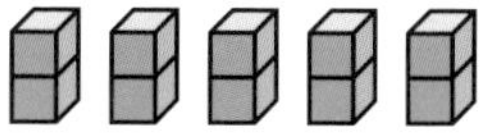

□×□

2 かけ算を　しましょう。　1つ8〔64点〕

❶ 2×4　　❷ 2×8

❸ 2×7　　❹ 2×1

❺ 2×5　　❻ 2×9

❼ 2×6　　❽ 2×2

3 □に　あう　数を　書きましょう。　1つ9〔18点〕

❶ 2－4－□－8－□

❷ 12－14－□－□

答えは 64ページ

きほん 6

月　日　10分

2のだんの　九九 ②

／100点

1 □に　あう　数を　書きましょう。　1つ6〔60点〕

❶ 二一が □　　❷ 二二が □

❸ 二三が □　　❹ 二四が □

❺ 二五 □　　❻ 二六 □

❼ 二七 □　　❽ 二八 □

❾ 二九 □　　❿ 二五 □

2 □に　あう　数を　書きましょう。　1つ10〔40点〕

❶ 2のだんの　九九は、かける数が　1　ふえると、答えが □ ずつ　ふえます。

❷ 2×7の　答えは、2×6の　答えより □ 大きいです。

❸ 2×9＝2×8＋□

❹ 2人の　4ばいは、□ 人です。

答えは 64ページ

かくにん 6

月　日

10分

2のだんの　九九 ②

／100点

1 かけ算を　しましょう。　1つ6〔60点〕

❶ 2×8　❷ 2×6

❸ 2×9　❹ 2×4

❺ 2×1　❻ 2×7

❼ 2×5　❽ 2×2

❾ 2×4　❿ 2×3

2 答えが　同じに　なる　カードを　Ⓐ〜Ⓔから　えらびましょう。　1つ10〔40点〕

あ～えから

❶	2×5	（　）	あ	9+9
❷	2×9	（　）	い	2×5+2
❸	2×6	（　）	う	5×2
❹	2×3	（　）	え	24−18

答えは
64ページ

きほん 7

3のだんの　九九 ①

月　　日

10分

／100点

1 □に　あう　数（かず）を　書（か）きましょう。　1つ10〔100点（てん）〕

	九九		
❶ $3\times1=3$	三一（さんいち）が □（さん）	□（さん） × □（いち） ＝（が） □（さん）
❷ $3\times2=6$	三二（さんに）が □（ろく）	□（さん） × □（に） ＝（が） □（ろく）
❸ $3\times3=9$	三三（さざん）が □（く）	□（さ） × □（ざん） ＝（が） □（く）
❹ $3\times4=12$	三四（さんし） □（じゅうに）	□（さん） × □（し） ＝ □（じゅうに）
❺ $3\times5=15$	三五（さんご） □（じゅうご）	□（さん） × □（ご） ＝ □（じゅうご）
❻ $3\times6=18$	三六（さぶろく） □（じゅうはち）	□（さぶ） × □（ろく） ＝ □（じゅうはち）
❼ $3\times7=21$	三七（さんしち） □（にじゅういち）	□（さん） × □（しち） ＝ □（にじゅういち）
❽ $3\times8=24$	三八（さんぱ） □（にじゅうし）	□（さん） × □（ぱ） ＝ □（にじゅうし）
❾ $3\times9=27$	三九（さんく） □（にじゅうしち）	□（さん） × □（く） ＝ □（にじゅうしち）

❿ $3\times3=$ □ ＋ □ ＋ □

答えは
65ページ

かくにん 7

3のだんの　九九 ①

月　日　10分

／100点

1 ぜんぶの　数を　もとめる　かけ算の　しきに
なるように、□に　あう　数を　書きましょう。　1つ9〔18点〕

❶ 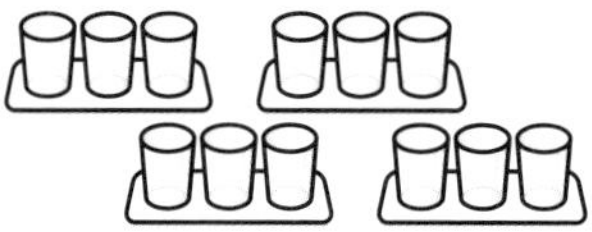

3×□

❷ 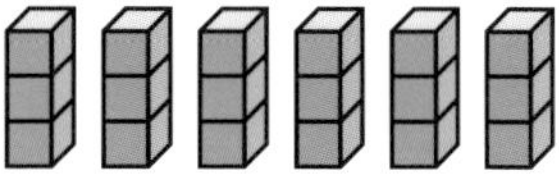

□×□

2 かけ算を　しましょう。　1つ8〔64点〕

❶ 3×7　　❷ 3×4

❸ 3×1　　❹ 3×8

❺ 3×9　　❻ 3×2

❼ 3×3　　❽ 3×5

3 □に　あう　数を　書きましょう。　1つ9〔18点〕

❶ 3ー6ー□ー12ー□

❷ □ー21ー24ー□

答えは
65ページ

きほん 8

月　日　10分

3のだんの　九九 ②

／100点

1 □に　あう　数を　書きましょう。　1つ6〔60点〕

❶ 三一が □　　❷ 三二が □

❸ 三三が □　　❹ 三四 □

❺ 三五 □　　❻ 三六 □

❼ 三七 □　　❽ 三八 □

❾ 三九 □　　❿ 三七 □

2 □に　あう　ことばや　数を　書きましょう。□1つ10〔40点〕

❶ 3×5の　しきで、3を □、5を □と　いいます。

❷ 3のだんの　九九は、かける数が　1　ふえると、答えが □ずつ　ふえます。

❸ 3×8の　答えは、3×7の　答えより、□大きいです。

答えは
65ページ

かくにん 8

3のだんの　九九 ②

月　　日　　10分

／100点

1 かけ算を　しましょう。　1つ6〔60点〕

❶ 3×5　　❷ 3×7

❸ 3×9　　❹ 3×6

❺ 3×1　　❻ 3×4

❼ 3×6　　❽ 3×2

❾ 3×8　　❿ 3×3

2 答えが　同じに　なる　カードを　ⓐ～ⓔから
えらびましょう。　1つ10〔40点〕

❶ 3×3　（　　　）　　あ 2×3

❷ 3×9　（　　　）　　い 3×6+3

❸ 3×7　（　　　）　　う 3+3+3

❹ 3×2　（　　　）　　え 15+24−12

答えは
65ページ

きほん 9

4のだんの　九九 ①

月　　日

10分

／100点

1 □に　あう　数(かず)を　書(か)きましょう。　1つ10〔100点(てん)〕

		九九						
❶	4×1＝4	四一(しいち)が	□(し)	□(し)	×	□(いち)	＝	□(が　し)
❷	4×2＝8	四二(しに)が	□(はち)	□(し)	×	□(に)	＝	□(が　はち)
❸	4×3＝12	四三(しさん)	□(じゅうに)	□(し)	×	□(さん)	＝	□(じゅうに)
❹	4×4＝16	四四(しし)	□(じゅうろく)	□(し)	×	□(し)	＝	□(じゅうろく)
❺	4×5＝20	四五(しご)	□(にじゅう)	□(し)	×	□(ご)	＝	□(にじゅう)
❻	4×6＝24	四六(しろく)	□(にじゅうし)	□(し)	×	□(ろく)	＝	□(にじゅうし)
❼	4×7＝28	四七(ししち)	□(にじゅうはち)	□(し)	×	□(しち)	＝	□(にじゅうはち)
❽	4×8＝32	四八(しは)	□(さんじゅうに)	□(し)	×	□(は)	＝	□(さんじゅうに)
❾	4×9＝36	四九(しく)	□(さんじゅうろく)	□(し)	×	□(く)	＝	□(さんじゅうろく)

❿ 4×5＝□＋□＋□＋□＋□

答えは
65ページ

月　　日　　10分

4のだんの　九九 ①

／100点

1 ぜんぶの　数を　もとめる　かけ算の　しきに　なるように、□に　あう　数を　書きましょう。　1つ9〔18点〕

❶

4×□

❷

□×□

2 かけ算を　しましょう。　1つ8〔64点〕

❶ 4×4　　❷ 4×8

❸ 4×9　　❹ 4×1

❺ 4×2　　❻ 4×3

❼ 4×7　　❽ 4×5

3 □に　あう　数を　書きましょう。　1つ9〔18点〕

❶ 4－8－□－16－□

❷ 24－□－32－□

答えは 65ページ

きほん 10

月　　日　　10分

4のだんの　九九 ②

／100点

1 □に　あう　数を　書きましょう。　1つ6〔60点〕

❶ 四一が □　　❷ 四二が □

❸ 四三 □　　❹ 四四 □

❺ 四五 □　　❻ 四六 □

❼ 四七 □　　❽ 四八 □

❾ 四九 □　　❿ 四二が □

2 □に　あう　数を　書きましょう。　1つ10〔40点〕

❶ 4のだんの　九九は、かける数が　1　ふえると、答えが □ ずつ　ふえます。

❷ 4×4の　答えは、4×3の　答えより □ 大きいです。

❸ 4×8＝4×7＋□

❹ 4dLの　6ばいは、□ dLです。

答えは
66ページ

かくにん 10

月　　日

10分

4のだんの　九九 ②

／100点

1 かけ算を　しましょう。　1つ6〔60点〕

❶ 4×8　　❷ 4×1

❸ 4×3　　❹ 4×7

❺ 4×9　　❻ 4×5

❼ 4×2　　❽ 4×8

❾ 4×6　　❿ 4×4

2 答えが　同じに　なる　カードを　ⓐ～ⓔから
えらびましょう。　1つ10〔40点〕

❶ 4×6　（　　　）　　㋐ 4+4+4+4+4

❷ 4×2　（　　　）　　㋑ 3×8

❸ 4×9　（　　　）　　㋒ 4×8+4

❹ 4×5　（　　　）　　㋓ 2×4

答えは
66ページ

月　　日

10分

2、3、4、5のだんの　九九 ①

／100点

1 かけられる数が　つぎの　とき、かけ算の　答えを　ひょうに　書きましょう。

□1つ4〔72点〕

❶　かけられる数が　2の　とき

かける数	1	2	3	4	5	6	7	8	9
答え									

❷　かけられる数が　5の　とき

かける数	1	2	3	4	5	6	7	8	9
答え									

2 答えが　同じに　なる　カードを　㋐～㋓から　えらびましょう。

1つ7〔28点〕

❶　3×6　（　　　）　　㋐　4×4

❷　2×8　（　　　）　　㋑　2×6

❸　5×3　（　　　）　　㋒　2×9

❹　4×3　（　　　）　　㋓　3×5

答えは
66ページ

月　　日　10分

2、3、4、5のだんの　九九 ①

／100点

1 まん中の　数に　まわりの　数を　かけて、答えを書きましょう。　□1つ5〔80点〕

❶

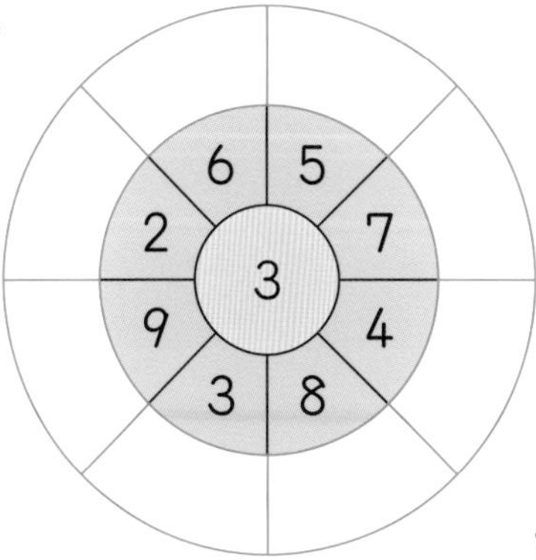

❷

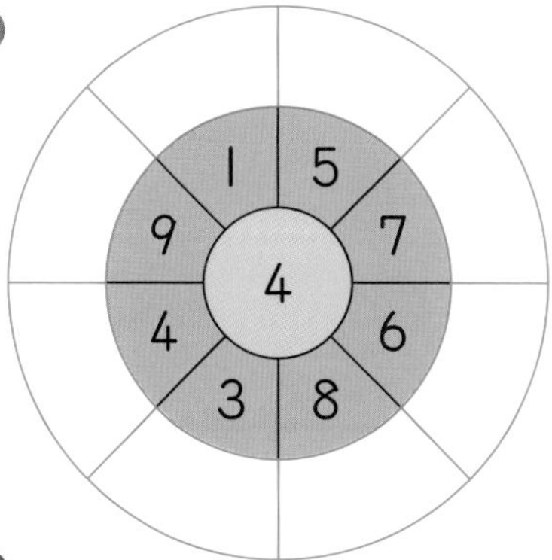

2 かけ算を　しましょう。　1つ2〔20点〕

❶ 2×6　　❷ 5×3

❸ 4×7　　❹ 3×9

❺ 4×2　　❻ 3×6

❼ 2×7　　❽ 5×9

❾ 4×8　　❿ 5×6

答えは
66ページ

きほん 12

月　日

10分

2、3、4、5のだんの　九九 ②

／100点

1 かけられる数が　つぎの　とき、かけ算の　答えを　ひょうに　書きましょう。　□1つ4〔72点〕

❶ かけられる数が　3の　とき

かける数	1	2	3	4	5	6	7	8	9
答え									

❷ かけられる数が　4の　とき

かける数	1	2	3	4	5	6	7	8	9
答え									

2 □に　あう　数を　書きましょう。　1つ7〔28点〕

❶ 2×□の　答えは、2×4の　答えより　2　大きいです。

❷ 3cmの　9ばいは、□cmです。

❸ 5×4＝□×5

❹ 4×7＝4×6＋□

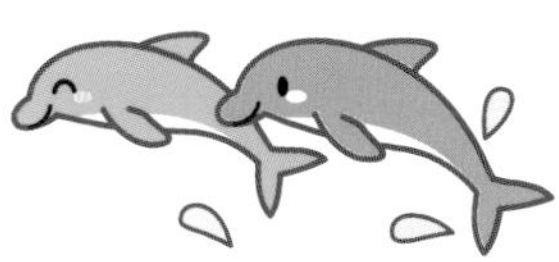

答えは
66ページ

かくにん 12

月　日

10分

2、3、4、5のだんの　九九 ②

／100点

1 かけ算(ざん)を　しましょう。　1つ8〔80点(てん)〕

❶ 3×3　❷ 4×5

❸ 5×6　❹ 3×6

❺ 2×8　❻ 4×7

❼ 3×4　❽ 2×9

❾ 5×7　❿ 3×8

2 答(こた)えが　12に　なる　カードに　◯を　つけましょう。〔20点〕

2×7	4×3	3×5
(　　)	(　　)	(　　)
5×2	2×6	5×3
(　　)	(　　)	(　　)

答えは
66ページ

きほん 13

6のだんの　九九 ①

月　　日　　10分

／100点

1 □に　あう　数(かず)を　書(か)きましょう。　1つ10〔100点(てん)〕

❶ $6\times1=6$	六一(ろくいち)が□(ろく)	□(ろく) × □(いち) ＝ □(ろく)	
❷ $6\times2=12$	六二(ろくに) □(じゅうに)	□(ろく) × □(に) ＝ □(じゅうに)	
❸ $6\times3=18$	六三(ろくさん) □(じゅうはち)	□(ろく) × □(さん) ＝ □(じゅうはち)	
❹ $6\times4=24$	六四(ろくし) □(にじゅうし)	□(ろく) × □(し) ＝ □(にじゅうし)	
❺ $6\times5=30$	六五(ろくご) □(さんじゅう)	□(ろく) × □(ご) ＝ □(さんじゅう)	
❻ $6\times6=36$	六六(ろくろく) □(さんじゅうろく)	□(ろく) × □(ろく) ＝ □(さんじゅうろく)	
❼ $6\times7=42$	六七(ろくしち) □(しじゅうに)	□(ろく) × □(しち) ＝ □(しじゅうに)	
❽ $6\times8=48$	六八(ろくは) □(しじゅうはち)	□(ろく) × □(は) ＝ □(しじゅうはち)	
❾ $6\times9=54$	六九(ろっく) □(ごじゅうし)	□(ろっ) × □(く) ＝ □(ごじゅうし)	

❿ $6\times4=$ □ ＋ □ ＋ □ ＋ □

答えは
67ページ

かくにん 13

月　日　10分

6のだんの　九九 ①

／100点

1 ぜんぶの　数を　もとめる　かけ算の　しきに　なるように、□に　あう　数を　書きましょう。　1つ9〔18点〕

❶

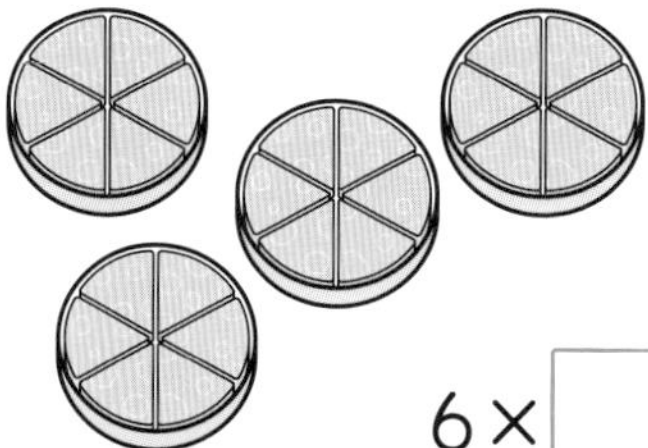

6×□

❷

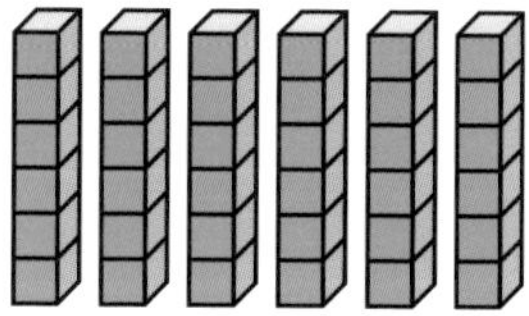

□×□

2 かけ算を　しましょう。　1つ8〔64点〕

❶ 6×5　　❷ 6×3

❸ 6×2　　❹ 6×8

❺ 6×4　　❻ 6×1

❼ 6×7　　❽ 6×9

3 □に　あう　数を　書きましょう。　1つ9〔18点〕

❶ 6－12－□－□

❷ □－36－□－48－54

答えは67ページ

きほん 14

月　日

10分

6のだんの　九九 ②

／100点

1 □に　あう　数(かず)を　書(か)きましょう。　1つ6〔60点(てん)〕

❶ 六一が □　　❷ 六二 □

❸ 六三 □　　❹ 六四 □

❺ 六五 □　　❻ 六六 □

❼ 六七 □　　❽ 六八 □

❾ 六九 □　　❿ 六三 □

2 □に　あう　数を　書きましょう。　1つ10〔40点〕

❶ 6のだんの　九九は、かける数が　1　ふえると、答(こた)えが □ ずつ　ふえます。

❷ 6×5の　答えは、6×4の　答えより □ 大きいです。

❸ 6×7＝6×6＋□

❹ 6cmの　9ばいは、□ cmです。

答えは 67ページ

かくにん 14

月　日　10分

6のだんの　九九 ②

／100点

1 かけ算を　しましょう。　1つ6〔60点〕

❶ 6×2　　❷ 6×7

❸ 6×4　　❹ 6×9

❺ 6×5　　❻ 6×3

❼ 6×9　　❽ 6×1

❾ 6×8　　❿ 6×6

2 答えが　同じに　なる　カードを　Ⓐ〜Ⓔから　えらびましょう。　1つ10〔40点〕

❶	6×4	(　　)	あ 4×3
❷	6×6	(　　)	い 6+6+6
❸	6×3	(　　)	う 4×6
❹	6×2	(　　)	え 6×5+6

答えは 67ページ

きほん 15

7のだんの　九九 ①

月　　日　　10分

／100点

1 □に　あう　数(かず)を　書(か)きましょう。　1つ10〔100点(てん)〕

❶	$7\times1=7$	七一(しちいち)が □(しち)	□(しち) × □(いち) が □(しち)
❷	$7\times2=14$	七二(しちに) □(じゅうし)	□(しち) × □(に) = □(じゅうし)
❸	$7\times3=21$	七三(しちさん) □(にじゅういち)	□(しち) × □(さん) = □(にじゅういち)
❹	$7\times4=28$	七四(しちし) □(にじゅうはち)	□(しち) × □(し) = □(にじゅうはち)
❺	$7\times5=35$	七五(しちご) □(さんじゅうご)	□(しち) × □(ご) = □(さんじゅうご)
❻	$7\times6=42$	七六(しちろく) □(しじゅうに)	□(しち) × □(ろく) = □(しじゅうに)
❼	$7\times7=49$	七七(しちしち) □(しじゅうく)	□(しち) × □(しち) = □(しじゅうく)
❽	$7\times8=56$	七八(しちは) □(ごじゅうろく)	□(しち) × □(は) = □(ごじゅうろく)
❾	$7\times9=63$	七九(しちく) □(ろくじゅうさん)	□(しち) × □(く) = □(ろくじゅうさん)

❿ $7\times3=$ □ ＋ □ ＋ □

答えは
67ページ

月　　日

10分

7のだんの　九九 ①

／100点

1 ぜんぶの　数を　もとめる　かけ算の　しきに　なるように、□に　あう　数を　書きましょう。　1つ9〔18点〕

❶

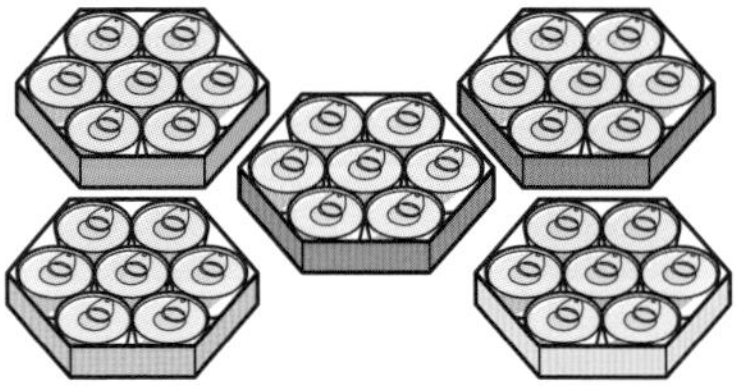

$7\times$ □

❷

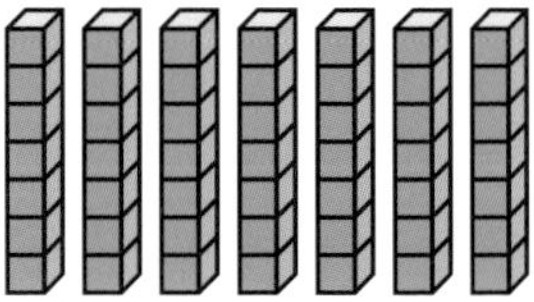

□ $\times$ □

2 かけ算を　しましょう。　1つ8〔64点〕

❶ 7×9　　❷ 7×8

❸ 7×7　　❹ 7×6

❺ 7×1　　❻ 7×4

❼ 7×3　　❽ 7×2

3 □に　あう　数を　書きましょう。　1つ9〔18点〕

❶ 7 ― 14 ― □ ― 28 ― □

❷ □ ― 49 ― 56 ― □

答えは
67ページ

きほん 16

7のだんの　九九 ②

月　　日　　10分

／100点

1 □に　あう　数を　書きましょう。　1つ6〔60点〕

❶ 七一が □　　❷ 七二 □

❸ 七三 □　　❹ 七四 □

❺ 七五 □　　❻ 七六 □

❼ 七七 □　　❽ 七八 □

❾ 七九 □　　❿ 七五 □

2 □に　あう　数を　書きましょう。　1つ10〔40点〕

❶ 7のだんの　九九は、かける数が　1　ふえると、答えが □ ずつ　ふえます。

❷ 7×9の　答えは、7×8の　答えより □ 大きいです。

❸ 7×2＝7×1＋□

❹ 7まいの　4ばいは、□ まいです。

答えは
68ページ

かくにん 16

月　日　10分

7のだんの　九九 ②

／100点

1 かけ算を　しましょう。　1つ6〔60点〕

❶ 7×3　　❷ 7×7

❸ 7×9　　❹ 7×5

❺ 7×6　　❻ 7×8

❼ 7×2　　❽ 7×4

❾ 7×1　　❿ 7×3

2 答えが　同じに　なる　カードを　㋐～㋓から　えらびましょう。　1つ10〔40点〕

❶ 7×8　(　　)　　㋐ 101−73

❷ 7×4　(　　)　　㋑ 7+7

❸ 7×5　(　　)　　㋒ 7×7+7

❹ 7×2　(　　)　　㋓ 5×7

答えは68ページ

きほん 17

月　　日

10分

8のだんの　九九 ①

／100点

1 □に　あう　数(かず)を　書(か)きましょう。　1つ10〔100点(てん)〕

❶ 8×1＝8　八一が(はちいち)　□(はち)　　□(はち)×□(いち)が＝□(はち)

❷ 8×2＝16　八二(はちに)　□(じゅうろく)　　□(はち)×□(に)＝□(じゅうろく)

❸ 8×3＝24　八三(はちさん)　□(にじゅうし)　　□(はち)×□(さん)＝□(にじゅうし)

❹ 8×4＝32　八四(はちし)　□(さんじゅうに)　　□(はち)×□(し)＝□(さんじゅうに)

❺ 8×5＝40　八五(はちご)　□(しじゅう)　　□(はち)×□(ご)＝□(しじゅう)

❻ 8×6＝48　八六(はちろく)　□(しじゅうはち)　　□(はち)×□(ろく)＝□(しじゅうはち)

❼ 8×7＝56　八七(はちしち)　□(ごじゅうろく)　　□(はち)×□(しち)＝□(ごじゅうろく)

❽ 8×8＝64　八八(はっぱ)　□(ろくじゅうし)　　□(はっ)×□(ぱ)＝□(ろくじゅうし)

❾ 8×9＝72　八九(はっく)　□(しちじゅうに)　　□(はっ)×□(く)＝□(しちじゅうに)

❿ 8×5＝□＋□＋□＋□＋□

答えは
68ページ

かくにん 17

月　　日　　10分

8のだんの　九九 ①

／100点

1 ぜんぶの　数を　もとめる　かけ算の　しきに
なるように、□に　あう　数を　書きましょう。　1つ9〔18点〕

❶ 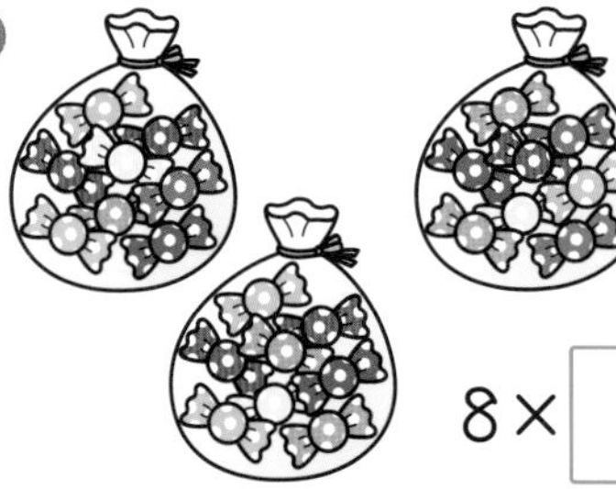

8×□

❷ 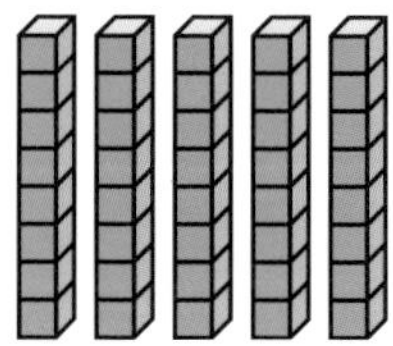

□×□

2 かけ算を　しましょう。　1つ8〔64点〕

❶ 8×5　　❷ 8×2

❸ 8×1　　❹ 8×9

❺ 8×7　　❻ 8×4

❼ 8×8　　❽ 8×6

3 □に　あう　数を　書きましょう。　1つ9〔18点〕

❶ 8 ― □ ― 24 ― □

❷ 40 ― 48 ― □ ― 64 ― □

答えは 68ページ

きほん 18

月　日

10分

8のだんの　九九 ②

／100点

1 □に　あう　数を　書きましょう。　1つ6〔60点〕

❶ 八一が □　　❷ 八二 □

❸ 八三 □　　❹ 八四 □

❺ 八五 □　　❻ 八六 □

❼ 八七 □　　❽ 八八 □

❾ 八九 □　　❿ 八七 □

2 □に　あう　数を　書きましょう。　1つ10〔40点〕

❶ 8のだんの　九九は、かける数が　1　ふえると、答えが □ ずつ　ふえます。

❷ 8×4の　答えは、8×3の　答えより □ 大きいです。

❸ 8×6＝8×5＋□

❹ 8本の　8ばいは、□ 本です。

答えは
68ページ

かくにん 18

月　　日　　10分

8のだんの　九九 ②

／100点

1 かけ算を　しましょう。　1つ6〔60点〕

❶ 8×2　　❷ 8×1

❸ 8×7　　❹ 8×5

❺ 8×3　　❻ 8×8

❼ 8×5　　❽ 8×4

❾ 8×9　　❿ 8×6

2 答えが　同じに　なる　カードを　ⓐ～ⓔから
えらびましょう。　1つ10〔40点〕

❶	8×7	(　　)	あ	2×4
❷	8×2	(　　)	い	4×4
❸	8×1	(　　)	う	7×8
❹	8×3	(　　)	え	8+8+8

答えは
68ページ

きほん 19

月　日　10分

9のだんの　九九 ①

／100点

1 □に　あう　数(かず)を　書(か)きましょう。　1つ10〔100点(てん)〕

❶	$9\times1=9$	九一(くいち)が □(く)	□(く) × □(いち) = □(く)	
❷	$9\times2=18$	九二(くに) □(じゅうはち)	□(く) × □(に) = □(じゅうはち)	
❸	$9\times3=27$	九三(くさん) □(にじゅうしち)	□(く) × □(さん) = □(にじゅうしち)	
❹	$9\times4=36$	九四(くし) □(さんじゅうろく)	□(く) × □(し) = □(さんじゅうろく)	
❺	$9\times5=45$	九五(くご) □(しじゅうご)	□(く) × □(ご) = □(しじゅうご)	
❻	$9\times6=54$	九六(くろく) □(ごじゅうし)	□(く) × □(ろく) = □(ごじゅうし)	
❼	$9\times7=63$	九七(くしち) □(ろくじゅうさん)	□(く) × □(しち) = □(ろくじゅうさん)	
❽	$9\times8=72$	九八(くは) □(しちじゅうに)	□(く) × □(は) = □(しちじゅうに)	
❾	$9\times9=81$	九九(くく) □(はちじゅういち)	□(く) × □(く) = □(はちじゅういち)	

❿ $9\times2=$ □ ＋ □

答えは
68ページ

かくにん 19

月　日

10分

9のだんの　九九 ①

／100点

1 ぜんぶの　数を　もとめる　かけ算の　しきに
なるように、□に　あう　数を　書きましょう。　1つ9〔18点〕

❶
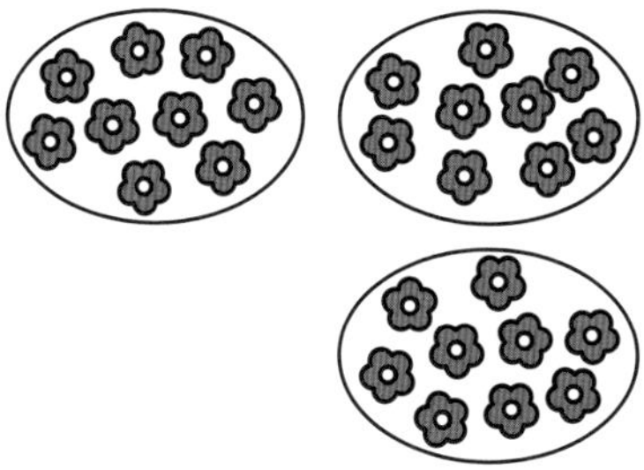

$9 \times \square$

❷
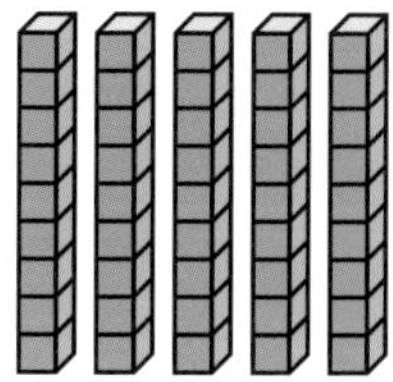

$\square \times \square$

2 かけ算を　しましょう。　1つ8〔64点〕

❶ 9×6　　❷ 9×8

❸ 9×4　　❹ 9×7

❺ 9×5　　❻ 9×1

❼ 9×2　　❽ 9×9

3 □に　あう　数を　書きましょう。　1つ9〔18点〕

❶ 9 — 18 — □ — □

❷ □ — 54 — 63 — □ — 81

答えは
68ページ

月　　日

10分

9のだんの　九九 ②

／100点

1 □に　あう　数を　書きましょう。　1つ6〔60点〕

❶ 九一が □　　❷ 九二 □

❸ 九三 □　　❹ 九四 □

❺ 九五 □　　❻ 九六 □

❼ 九七 □　　❽ 九八 □

❾ 九九 □　　❿ 九四 □

2 □に　あう　数を　書きましょう。　1つ10〔40点〕

❶ 9のだんの　九九は、かける数が　1　ふえると、答えが □ ずつ　ふえます。

❷ 9×6の　答えは、9×5の　答えより □ 大きいです。

❸ 9×3＝9×2＋□

❹ 9cmの　7ばいは、□ cmです。

答えは
69ページ

かくにん 20

月　日　10分

9のだんの　九九 ②

／100点

1 かけ算を　しましょう。　1つ6〔60点〕

❶ 9×3　　❷ 9×2

❸ 9×5　　❹ 9×6

❺ 9×4　　❻ 9×7

❼ 9×1　　❽ 9×5

❾ 9×9　　❿ 9×8

2 答えが　同じに　なる　カードを　ⓐ～ⓔから　えらびましょう。　1つ10〔40点〕

❶ 9×8 （　　）　　あ 3×3

❷ 9×2 （　　）　　い 6×6

❸ 9×1 （　　）　　う 8×9

❹ 9×4 （　　）　　え 9+9

答えは 69ページ

きほん 21

月　　日　　10分

1のだんの　九九

／100点

1 □に　あう　数（かず）を　書（か）きましょう。　1つ10〔100点（てん）〕

❶ 1×1＝1　　一一（いんいち）が □（いち）　　□（いん）×□（いち）＝（が）□（いち）

❷ 1×2＝2　　一二（いんに）が □（に）　　□（いん）×□（に）＝（が）□（に）

❸ 1×3＝3　　一三（いんさん）が □（さん）　　□（いん）×□（さん）＝（が）□（さん）

❹ 1×4＝4　　一四（いんし）が □（し）　　□（いん）×□（し）＝（が）□（し）

❺ 1×5＝5　　一五（いんご）が □（ご）　　□（いん）×□（ご）＝（が）□（ご）

❻ 1×6＝6　　一六（いんろく）が □（ろく）　　□（いん）×□（ろく）＝（が）□（ろく）

❼ 1×7＝7　　一七（いんしち）が □（しち）　　□（いん）×□（しち）＝（が）□（しち）

❽ 1×8＝8　　一八（いんはち）が □（はち）　　□（いん）×□（はち）＝（が）□（はち）

❾ 1×9＝9　　一九（いんく）が □（く）　　□（いん）×□（く）＝（が）□（く）

❿ 1×5＝□＋□＋□＋□＋□

答えは
69ページ

月　日　10分

かくにん 21

1のだんの　九九

／100点

1 かけ算(ざん)を　しましょう。　1つ6〔60点(てん)〕

❶ 1×7　❷ 1×6

❸ 1×1　❹ 1×3

❺ 1×4　❻ 1×9

❼ 1×3　❽ 1×2

❾ 1×8　❿ 1×5

2 答(こた)えが　同(おな)じに　なる　カードを　㋐～㋓から　えらびましょう。　1つ10〔40点〕

❶ 1×8　（　　）　㋐ 3×3

❷ 1×6　（　　）　㋑ 4×2

❸ 1×4　（　　）　㋒ 3×2

❹ 1×9　（　　）　㋓ 2×2

答えは 69ページ

きほん 22

月　　日

10分

6、7、8、9、1のだんの　九九 ①

／100点

1 かけられる数が　つぎの　とき、かけ算の　答えを　ひょうに　書きましょう。

□1つ4〔72点〕

❶ かけられる数が　6の　とき

かける数	1	2	3	4	5	6	7	8	9
答え									

❷ かけられる数が　9の　とき

かける数	1	2	3	4	5	6	7	8	9
答え									

2 答えが　同じに　なる　カードを　㋐～㋓から　えらびましょう。

1つ7〔28点〕

❶ 6×6　（　　）　　㋐ 3×6

❷ 8×3　（　　）　　㋑ 9×4

❸ 1×6　（　　）　　㋒ 4×6

❹ 9×2　（　　）　　㋓ 2×3

答えは
69ページ

月　　日

10分

6、7、8、9、1のだんの　九九 ①

／100点

1 まん中の　数(かず)に　まわりの　数を　かけて、答(こた)えを書(か)きましょう。

□1つ5〔80点(てん)〕

❶

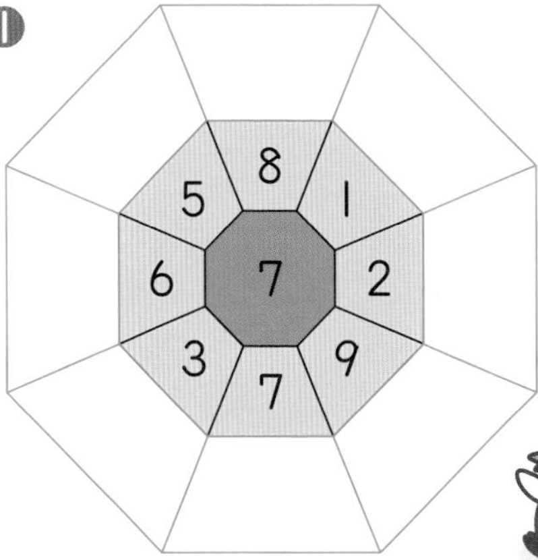

❷

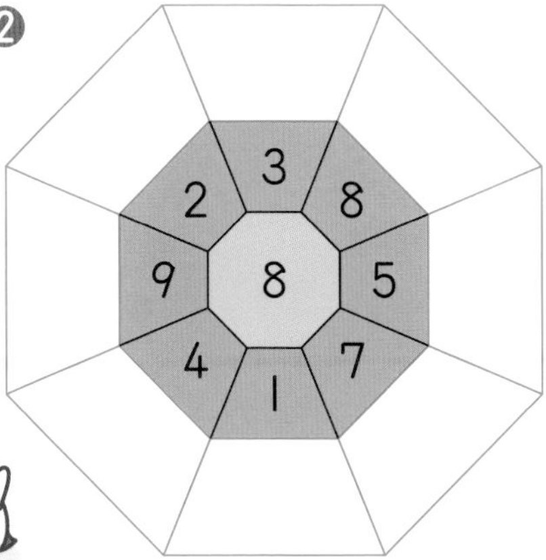

2 かけ算(ざん)を　しましょう。

1つ2〔20点〕

❶ 6×9　　❷ 8×5

❸ 1×3　　❹ 6×7

❺ 9×9　　❻ 1×5

❼ 8×6　　❽ 7×4

❾ 7×2　　❿ 9×1

答えは
69ページ

きほん **23**

月　　日

10分

6、7、8、9、1のだんの　九九 ②

／100点

1 かけられる数が　つぎの　とき、かけ算の　答えを
ひょうに　書きましょう。　□1つ4〔72点〕

❶ かけられる数が　7の　とき

かける数	1	2	3	4	5	6	7	8	9
答え									

❷ かけられる数が　8の　とき

かける数	1	2	3	4	5	6	7	8	9
答え									

2 □に　あう　数を　かきましょう。　1つ7〔28点〕

❶ 7×□の　答えは、7×5の　答えより
7　小さいです。

❷ 6この　8ばいは、□こです。

❸ 7×8＝□×7

❹ 9×5＝9×4＋□

答えは
70ページ

かくにん
23

月　　日　　10分

6、7、8、9、1のだんの　九九 ②

／100点

1 かけ算を　しましょう。　　1つ8〔80点〕

❶ 9×4　　❷ 1×8

❸ 6×7　　❹ 8×4

❺ 1×1　　❻ 7×6

❼ 8×2　　❽ 6×8

❾ 7×9　　❿ 9×8

2 答えが　24に　なる　カードに　◯を　つけましょう。

〔20点〕

7×4	9×3	7×3
（　）	（　）	（　）
6×4	8×6	8×3
（　）	（　）	（　）

答えは
70ページ

きほん 24

九九の　れんしゅう ①

月　　日

10分

／100点

1 □に　あう　数を　書きましょう。

1つ5〔40点〕

❶ 六六 □　　❷ 九七 □

❸ 二八 □　　❹ 五三 □

❺ 一四が □　　❻ 七八 □

❼ 九二 □　　❽ 三一が □

2 下の　ひょうの　あいて　いる　ところに　答えを　書きましょう。

□1つ3〔60点〕

		かける数				
		3	9	6	7	4
かけられる数	3					
	4					
	7					
	8					

答えは
70ページ

かくにん 24

月　　日　　10分

九九の　れんしゅう ①

／100点

1 かけ算を　しましょう。　　1つ5〔60点〕

❶ 5×9　　❷ 8×8

❸ 2×5　　❹ 6×7

❺ 4×6　　❻ 3×8

❼ 7×2　　❽ 1×3

❾ 4×5　　❿ 6×9

⓫ 1×6　　⓬ 5×5

2 下の　数の　うちで、6のだんの　九九の　答えに　なる　ものに　○、8のだんの　九九の　答えに　なる　ものに　△を　つけましょう。　　〔40点〕

2	4	6	8	10	12	14	16	18	20
22	24	26	28	30	32	34	36	38	40
42	44	46	48	50	52	54	56	58	

答えは
70ページ

きほん 25

月　　日

10分

九九の　れんしゅう ②

／100点

1 答えが　同じに　なる　カードを　あ～えから　えらびましょう。

1つ10〔40点〕

❶	6×2	(　　)	あ	9×5
❷	2×8	(　　)	い	4×4
❸	7×6	(　　)	う	6×7
❹	5×9	(　　)	え	3×4

2 下の　ひょうの　あいて　いる　ところに　答えを　書きましょう。

□1つ3〔60点〕

		かける数				
		2	5	7	8	9
かけられる数	5					
	6					
	2					
	9					

答えは
70ページ

かくにん 25

月　日　10分

九九の　れんしゅう ②

／100点

1 かけ算を　しましょう。　1つ5〔60点〕

❶ 5×4　　❷ 6×3

❸ 2×9　　❹ 5×1

❺ 7×7　　❻ 6×4

❼ 2×6　　❽ 9×6

❾ 8×8　　❿ 3×9

⓫ 9×2　　⓬ 4×7

2 下の　数の　うちで、7のだんの　九九の　答えに　なる　ものに　○、9のだんの　九九の　答えに　なる　ものに　△を　つけましょう。　〔40点〕

14	27	12	36	42	32	18	24	54
56	48	38	49	64	40	28	72	21
81	63	35	45					

答えは 71ページ

月　　日

10分

九九の　ひょう

／100点

1 あいて　いる　ところに　数(かず)を　書(か)いて、九九の　ひょうを　かんせいさせましょう。　□1つ2〔90点(てん)〕

		かける数								
		1	2	3	4	5	6	7	8	9
かけられる数	1		2	3	4	5	6	7	8	9
	2			6	8	10	12	14	16	18
	3				12	15	18	21	24	27
	4					20	24	28	32	36
	5						30	35	40	45
	6							42	48	54
	7								56	63
	8									72
	9									

2 答(こた)えが　25に　なる　九九を　書きましょう。　〔10点〕

□×□

答えは
71ページ

かくにん 26

九九の　ひょう

月　　日　　10分

／100点

1 答えが　つぎの　数に　なる　九九を　ぜんぶ見つけて　(　　)に　書きましょう。　(　)1つ6〔84点〕

❶ 8　(　　　)(　　　)(　　　)(　　　)

❷ 12　(　　　)(　　　)(　　　)(　　　)

❸ 16　(　　　)(　　　)(　　　)

❹ 36　(　　　)(　　　)(　　　)

2 つぎの　もんだいに　答えましょう。　1つ8〔16点〕

❶ 3×8と　4×8の　答えを　たすと　いくつに　なりますか。

(　　　)

❷ ❶の　数と　答えが　同じに　なる　九九は、ⓐ〜ⓤの　カードの　どれですか。

(　　　)

あ　6×9　　い　5×5　　う　7×8

答えは71ページ

きほん 27

月　　日

10分

九九の　きまり

／100点

1 □に　あう　ことばを　書きましょう。　1つ15〔30点〕

❶ かけ算では、かける数が　1　ふえると、答えは

□だけ　ふえます。

❷ かけ算では、かけられる数と　かける数を

入れかえても、答えは　□　数に　なります。

2 □に　あう　数を　書きましょう。　1つ20〔60点〕

❶ 2のだんの　九九は、かける数が　1　ふえると、

答えが　□ずつ　ふえます。

❷ 7のだんの　九九は、かける数が　1　ふえると、

答えが　□ずつ　ふえます。

❸ かける数が　1　ふえると、答えが　6ずつ

ふえるのは、□のだんの　九九です。

3 4×8と　答えが　同じに　なる　カードを

㋐～㋒から　えらびましょう。　〔10点〕　（　　　）

㋐ 7×5　　㋑ 6×6　　㋒ 8×4

答えは
71ページ

かくにん 27

九九の　きまり

月　　日　　10分

／100点

1 □に　あう　数を　書きましょう。　　□1つ8〔88点〕

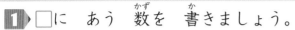

❶ 7×2=□ → □ ふえる
　7×3=□

❷ 4×9=4×8+□　　❸ 3×5=5×□

❹ 6×6=6×5+□　　❺ 9×4=4×□

❻ 8×3=8×□+8　　❼ 7×8=□×7

❽ 9×9=9×□+9　　❾ 5×2=□×5

2 答えが　同じに　なる　カードを　㋐～㋒から
えらびましょう。　　1つ4〔12点〕

❶ 6×1　（　　）　　㋐ 7×4

❷ 4×7　（　　）　　㋑ 1×6

❸ 5×8　（　　）　　㋒ 8×5

答えは
71ページ

きほん 28

月　日　10分

かけ算を　ひろげて

／100点

1 3×12の　答えを　もとめます。
□に　あう　数を　書きましょう。　□1つ10〔100点〕

❶ 3×8から　じゅんに　考えましょう。

3× 8＝□
1ふえる　3ふえる
3× 9＝□
1ふえる　3ふえる
3×10＝□
1ふえる　3ふえる
3×11＝□
1ふえる　3ふえる
3×12＝□

かける数が 9より 大きく なっても、3のだんの 答えは 3ずつ ふえます。

❷ 3×9と　3×3に　わけて　考えましょう。

3×9＝□

3×3＝□

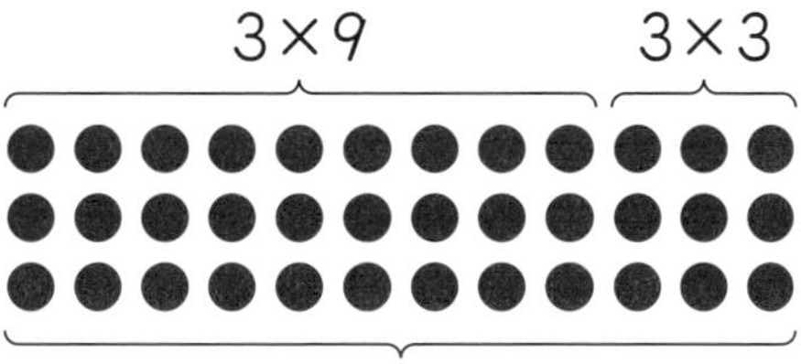

それぞれの　答えを　たします。

3×12＝□＋□＝□

答えは 71ページ

かくにん 28

かけ算を　ひろげて

月　　日　10分

／100点

1 かけ算（ざん）を　しましょう。　1つ20〔100点（てん）〕

❶ 10は　6と　4だから、

10×6

＝6×6＋□×6

＝□＋□

＝□

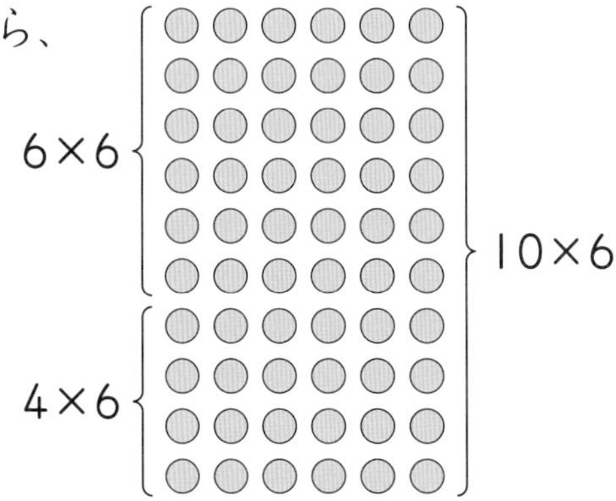

❷ 11は　2と　9だから、

11×8

＝2×8＋□×8

＝□＋□

＝□

❸ 12は　5と　7だから、

12×4

＝□×4＋7×4

＝□＋□

＝□

❹ 13は　8と　5だから、

13×5

＝

❺ 14は　6と　8だから、

14×9

＝

答えは 71ページ

かくにん 29

月　日　10分

力だめし ①

／100点

1 □に　あう　数を　書きましょう。　1つ7〔70点〕

❶ 2の　3ばいは □　　❷ 4の　9ばいは □

❸ 7の　6ばいは □　　❹ 8の　7ばいは □

❺ 9の □ ばいは　81　　❻ 3の □ ばいは　21

❼ 5の □ ばいは　15　　❽ □ の　5ばいは　30

❾ □ の　8ばいは　72　　❿ □ の　4ばいは　8

2 つぎの　しきを　書いて、答えを　もとめましょう。

1つ10〔30点〕

❶ 5の　7ばいを　もとめる　しき

【しき】

答え（　　　　）

❷ 8の　8ばいを　もとめる　しき

【しき】

答え（　　　　）

❸ 4の　6ばいを　もとめる　しき

【しき】

答え（　　　　）

答えは
72ページ

かくにん 30

月　　日　　10分

力だめし ②

／100点

1 かけ算を　しましょう。　　1つ5〔100点〕

❶ 2×6　　❷ 3×8

❸ 5×9　　❹ 4×6

❺ 8×6　　❻ 7×4

❼ 9×7　　❽ 6×8

❾ 1×6　　❿ 2×8

⓫ 3×7　　⓬ 5×7

⓭ 4×9　　⓮ 1×9

⓯ 9×6　　⓰ 7×8

⓱ 8×9　　⓲ 6×7

⓳ 8×8　　⓴ 9×9

答えは
72ページ

月　日　10分

力だめし ③

／100点

1 □に　あう　数を　書きましょう。　1つ14〔84点〕

❶ 九九の　ひょうで、8のだんの　九九は　かける数が　1　ふえると、答えが　□ずつ　ふえます。

❷ 九九の　ひょうで、かける数が　1　ふえると、答えが　5ずつ　ふえるのは　□のだんの　九九です。

❸ 九九の　ひょうで、3のだんと　4のだんの　答えを　たすと、□のだんの　答えに　なります。

❹ 九九の　ひょうで、7のだんと　2のだんの　答えを　たすと、□のだんの　答えに　なります。

❺ 九九の　ひょうで、4のだんと　□のだんの　答えを　たすと、5のだんの　答えに　なります。

❻ 九九の　ひょうで、8のだんから　5のだんの　答えを　ひくと、□のだんの　答えに　なります。

2 かけ算を　しましょう。　1つ8〔16点〕

❶ 2×14　　❷ 17×6

答えは 72ページ

かくにん 32 力だめし ④

月　　日　　10分

／100点

1 □に　あう　数を　書きましょう。　1つ6〔48点〕

❶ 5×7＝5×6＋□　　❷ 3×6＝3×5＋□

❸ 8×3＝8×2＋□　　❹ 6×8＝6×7＋□

❺ 4×5＝4×□＋4　　❻ 9×2＝9×□＋9

❼ 7×9＝7×□＋7　　❽ 2×4＝2×□＋2

2 □に　あう　数を　書きましょう。　1つ6〔36点〕

❶ 3×5＝5×□　　❷ 9×4＝4×□

❸ 6×9＝9×□　　❹ 8×3＝□×8

❺ 5×6＝□×5　　❻ 2×7＝□×2

3 答えが　24に　なる　九九を　ぜんぶ　書きましょう。

（　）1つ4〔16点〕

（　　　　）（　　　　）

（　　　　）（　　　　）

答えは72ページ

答え

1 3・4ページ

1 ❶ 2、5、10
❷ 2、5、10
❸ 2、2、2、2、2
❹ 10

2 ❶ 8＋8＋8＋8＋8＝40
❷ 3＋3＋3＋3＋3＋3＋3
＋3＋3＝27

★ ★ ★

1 ❶ 4、3
❷ 6、7

2 ❶ ㋑、㋖
❷ ㋔、㋗
❸ ㋒、㋕
❹ ㋐、㋓

2 5・6ページ

1 ❶ 2
❷ 3ばい、1ばい
❸ 3、2、6
❹ 6

2 ❶ 4、7
❷ 8、6

★ ★ ★

1 ❶ 3つ分
❷ 3ばい

2 ❶ 5ばい
❷ 6×5＝30、30こ

3 ❶ 8×1＝8、8dL
❷ 2×9＝18、18本

3 7・8ページ

1 ❶ 5、5、1、5
❷ 10、5、2、10
❸ 15、5、3、15
❹ 20、5、4、20
❺ 25、5、5、25
❻ 30、5、6、30
❼ 35、5、7、35
❽ 40、5、8、40
❾ 45、5、9、45
❿ 5、5、5、5

★ ★ ★

1 ❶ 3　❷ 5、6

2 ❶ 45　❷ 15
❸ 5　❹ 35
❺ 20　❻ 40
❼ 25　❽ 10

3 ❶ 20、40
❷ 15、25

4　9・10ページ

1 ❶ 5　❷ 10
❸ 15　❹ 20
❺ 25　❻ 30
❼ 35　❽ 40
❾ 45　❿ 25

2 ❶ 5
❷ 5
❸ 5
❹ 15

★★★

1 ❶ 15　❷ 30
❸ 10　❹ 5
❺ 20　❻ 25
❼ 40　❽ 45
❾ 35　❿ 30

2 ❶ ㋓
❷ ㋐
❸ ㋒
❹ ㋑

5　11・12ページ

1 ❶ 2、2、1、2
❷ 4、2、2、4
❸ 6、2、3、6
❹ 8、2、4、8
❺ 10、2、5、10
❻ 12、2、6、12
❼ 14、2、7、14
❽ 16、2、8、16
❾ 18、2、9、18
❿ 2、2、2、2、2

★★★

1 ❶ 3　❷ 2、5

2 ❶ 8　❷ 16
❸ 14　❹ 2
❺ 10　❻ 18
❼ 12　❽ 4

3 ❶ 6、10
❷ 16、18

てびき 3 どちらも2ずつ増えています。

6　13・14ページ

1 ❶ 2　❷ 4
❸ 6　❹ 8
❺ 10　❻ 12
❼ 14　❽ 16
❾ 18　❿ 10

2 ❶ 2
❷ 2
❸ 2
❹ 8

★★★

1 ❶ 16　❷ 12
❸ 18　❹ 8
❺ 2　❻ 14
❼ 10　❽ 4
❾ 8　❿ 6

2 ❶ ㋒
❷ ㋐
❸ ㋑
❹ ㋓

7　15・16ページ

1 ❶ 3、3、1、3
❷ 6、3、2、6
❸ 9、3、3、9
❹ 12、3、4、12
❺ 15、3、5、15
❻ 18、3、6、18
❼ 21、3、7、21
❽ 24、3、8、24
❾ 27、3、9、27
❿ 3、3、3

★ ★ ★

1 ❶ 4　❷ 3、6
2 ❶ 21　❷ 12
❸ 3　❹ 24
❺ 27　❻ 6
❼ 9　❽ 15
3 ❶ 9、15
❷ 18、27

8　17・18ページ

1 ❶ 3　❷ 6
❸ 9　❹ 12
❺ 15　❻ 18
❼ 21　❽ 24
❾ 27　❿ 21
2 ❶ かけられる数、かける数
❷ 3
❸ 3

★ ★ ★

1 ❶ 15　❷ 21
❸ 27　❹ 18
❺ 3　❻ 12
❼ 18　❽ 6
❾ 24　❿ 9
2 ❶ ㋒
❷ ㋓
❸ ㋑
❹ ㋐

てびき　2 ❹かけられる数とかける数を入れかえて計算しても、答えは同じです。

3×2＝2×3

9　19・20ページ

1 ❶ 4、4、1、4
❷ 8、4、2、8
❸ 12、4、3、12
❹ 16、4、4、16
❺ 20、4、5、20
❻ 24、4、6、24
❼ 28、4、7、28
❽ 32、4、8、32
❾ 36、4、9、36
❿ 4、4、4、4、4

★ ★ ★

1 ❶ 6　❷ 4、5
2 ❶ 16　❷ 32
❸ 36　❹ 4
❺ 8　❻ 12
❼ 28　❽ 20
3 ❶ 12、20
❷ 28、36

10　21・22ページ

1 ❶ 4　❷ 8
❸ 12　❹ 16
❺ 20　❻ 24
❼ 28　❽ 32
❾ 36　❿ 8

2 ❶ 4　❷ 4
❸ 4　❹ 24

★ ★ ★

1 ❶ 32　❷ 4
❸ 12　❹ 28
❺ 36　❻ 20
❼ 8　❽ 32
❾ 24　❿ 16

2 ❶ ㋑　❷ ㋓
❸ ㋒　❹ ㋐

てびき　2 ❸「4の段の九九は、かける数が1増えると、答えが4ずつ増える」ことを使えば、4×8＋4の計算をしなくても4×9と等しいことがわかります。

11　23・24ページ

1 ❶ 2、4、6、8、10、12、14、16、18
❷ 5、10、15、20、25、30、35、40、45

2 ❶ ㋒　❷ ㋐
❸ ㋓　❹ ㋑

★ ★ ★

1 ❶

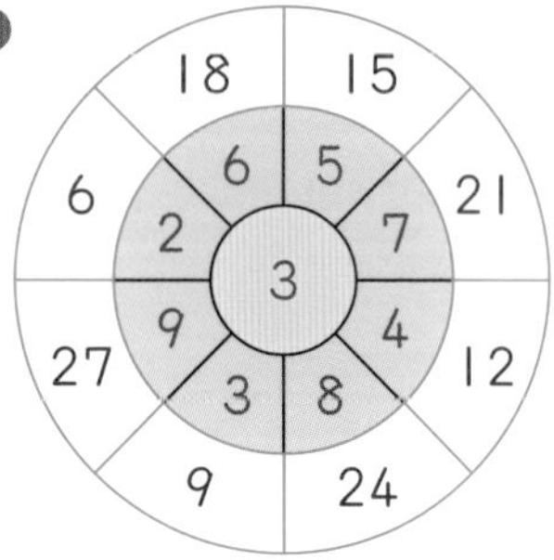

❷

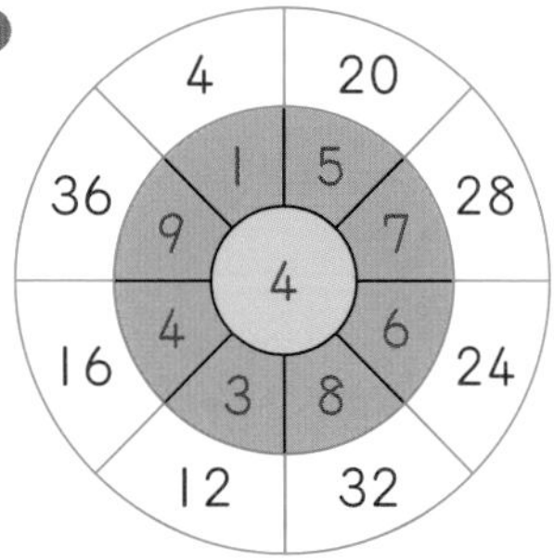

2 ❶ 12　❷ 15
❸ 28　❹ 27
❺ 8　❻ 18
❼ 14　❽ 45
❾ 32　❿ 30

12　25・26ページ

1 ❶ 3、6、9、12、15、18、21、24、27
❷ 4、8、12、16、20、24、28、32、36

2 ❶ 5　❷ 27
❸ 4　❹ 4

★ ★ ★

1 ❶ 9　❷ 20
❸ 30　❹ 18

❺ 16 ❻ 28
❼ 12 ❽ 18
❾ 35 ❿ 24

2 4×3 、2×6 に ○

13 27・28ページ

1 ❶ 6、6、1、6
❷ 12、6、2、12
❸ 18、6、3、18
❹ 24、6、4、24
❺ 30、6、5、30
❻ 36、6、6、36
❼ 42、6、7、42
❽ 48、6、8、48
❾ 54、6、9、54
❿ 6、6、6、6

★ ★ ★

1 ❶ 4 ❷ 6、6

2 ❶ 30 ❷ 18
❸ 12 ❹ 48
❺ 24 ❻ 6
❼ 42 ❽ 54

3 ❶ 18、24
❷ 30、42

14 29・30ページ

1 ❶ 6 ❷ 12
❸ 18 ❹ 24
❺ 30 ❻ 36
❼ 42 ❽ 48
❾ 54 ❿ 18

2 ❶ 6
❷ 6
❸ 6
❹ 54

★ ★ ★

1 ❶ 12 ❷ 42
❸ 24 ❹ 54
❺ 30 ❻ 18
❼ 54 ❽ 6
❾ 48 ❿ 36

2 ❶ ㋒
❷ ㋓
❸ ㋑
❹ ㋐

15 31・32ページ

1 ❶ 7、7、1、7
❷ 14、7、2、14
❸ 21、7、3、21
❹ 28、7、4、28
❺ 35、7、5、35
❻ 42、7、6、42
❼ 49、7、7、49
❽ 56、7、8、56
❾ 63、7、9、63
❿ 7、7、7

★ ★ ★

1 ❶ 5 ❷ 7、7

2 ❶ 63 ❷ 56
❸ 49 ❹ 42
❺ 7 ❻ 28
❼ 21 ❽ 14

3 ❶ 21、35
❷ 42、63

16 33・34ページ

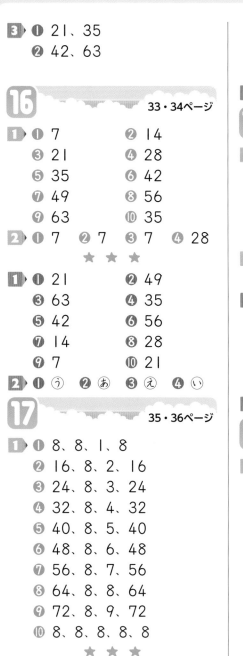

1 ❶ 7 ❷ 14
❸ 21 ❹ 28
❺ 35 ❻ 42
❼ 49 ❽ 56
❾ 63 ❿ 35

2 ❶ 7 ❷ 7 ❸ 7 ❹ 28

★ ★ ★

1 ❶ 21 ❷ 49
❸ 63 ❹ 35
❺ 42 ❻ 56
❼ 14 ❽ 28
❾ 7 ❿ 21

2 ❶ ㋒ ❷ ㋐ ❸ ㋓ ❹ ㋑

17 35・36ページ

1 ❶ 8、8、1、8
❷ 16、8、2、16
❸ 24、8、3、24
❹ 32、8、4、32
❺ 40、8、5、40
❻ 48、8、6、48
❼ 56、8、7、56
❽ 64、8、8、64
❾ 72、8、9、72
❿ 8、8、8、8、8

★ ★ ★

1 ❶ 3 ❷ 8、5

2 ❶ 40 ❷ 16
❸ 8 ❹ 72
❺ 56 ❻ 32
❼ 64 ❽ 48

3 ❶ 16、32 ❷ 56、72

18 37・38ページ

1 ❶ 8 ❷ 16
❸ 24 ❹ 32
❺ 40 ❻ 48
❼ 56 ❽ 64
❾ 72 ❿ 56

2 ❶ 8 ❷ 8 ❸ 8 ❹ 64

★ ★ ★

1 ❶ 16 ❷ 8
❸ 56 ❹ 40
❺ 24 ❻ 64
❼ 40 ❽ 32
❾ 72 ❿ 48

2 ❶ ㋒ ❷ ㋑ ❸ ㋐ ❹ ㋓

19 39・40ページ

1 ❶ 9、9、1、9
❷ 18、9、2、18
❸ 27、9、3、27
❹ 36、9、4、36
❺ 45、9、5、45
❻ 54、9、6、54
❼ 63、9、7、63
❽ 72、9、8、72
❾ 81、9、9、81
❿ 9、9

★ ★ ★

1 ❶ 3 ❷ 9、5

2 ❶ 54　❷ 72
❸ 36　❹ 63
❺ 45　❻ 9
❼ 18　❽ 81

3 ❶ 27、36　❷ 45、72

20　41・42ページ

1 ❶ 9　❷ 18
❸ 27　❹ 36
❺ 45　❻ 54
❼ 63　❽ 72
❾ 81　❿ 36

2 ❶ 9　❷ 9　❸ 9　❹ 63

★ ★ ★

1 ❶ 27　❷ 18　❸ 45
❹ 54　❺ 36　❻ 63
❼ 9　❽ 45　❾ 81
❿ 72

2 ❶ ㋒　❷ ㋓　❸ ㋐　❹ ㋑

21　43・44ページ

1 ❶ 1、1、1、1
❷ 2、1、2、2
❸ 3、1、3、3
❹ 4、1、4、4
❺ 5、1、5、5
❻ 6、1、6、6
❼ 7、1、7、7
❽ 8、1、8、8
❾ 9、1、9、9
❿ 1、1、1、1、1

★ ★ ★

1 ❶ 7　❷ 6
❸ 1　❹ 3
❺ 4　❻ 9
❼ 3　❽ 2
❾ 8　❿ 5

2 ❶ ㋑　❷ ㋒　❸ ㋓　❹ ㋐

22　45・46ページ

1 ❶ 6、12、18、24、30、36、42、48、54
❷ 9、18、27、36、45、54、63、72、81

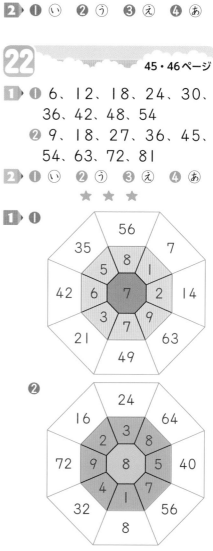

2 ❶ ㋑　❷ ㋒　❸ ㋓　❹ ㋐

★ ★ ★

1 ❶

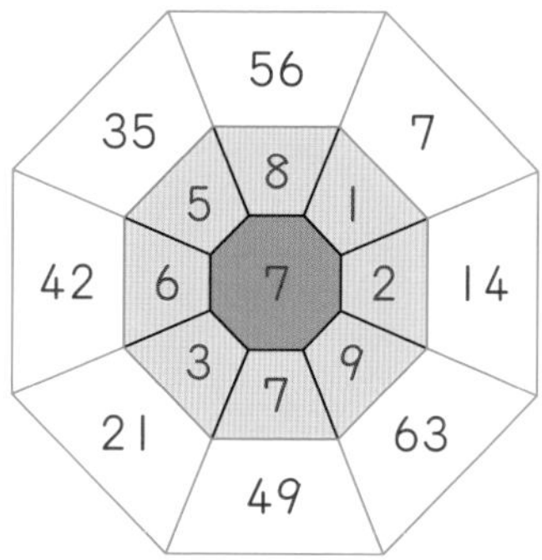

❷

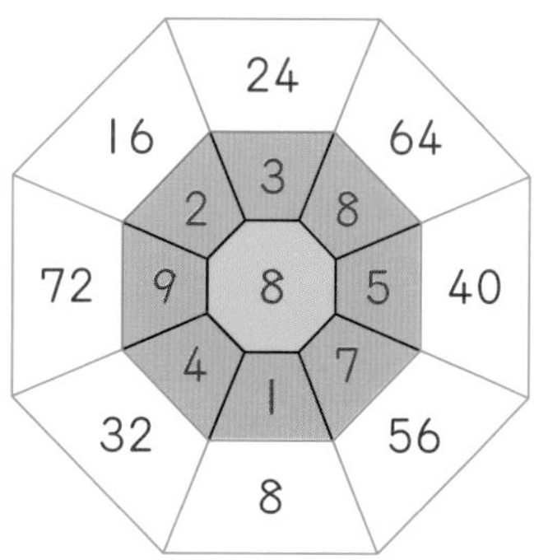

2 ❶ 54　❷ 40
❸ 3　❹ 42
❺ 81　❻ 5
❼ 48　❽ 28
❾ 14　❿ 9

23　47・48ページ

1 ❶ 7、14、21、28、35、42、49、56、63
❷ 8、16、24、32、40、48、56、64、72

2 ❶ 4
❷ 48
❸ 8
❹ 9

★ ★ ★

1 ❶ 36　❷ 8
❸ 42　❹ 32
❺ 1　❻ 42
❼ 16　❽ 48
❾ 63　❿ 72

2 6×4、8×3 に ○

てびき 2 24 の他にも、答えが同じになる九九を全部書く練習をしてみると良いでしょう。

24　49・50ページ

1 ❶ 36　❷ 63
❸ 16　❹ 15
❺ 4　❻ 56
❼ 18　❽ 3

2

	かける数				
かけられる数	3	9	6	7	4
3	9	27	18	21	12
4	12	36	24	28	16
7	21	63	42	49	28
8	24	72	48	56	32

★ ★ ★

1 ❶ 45　❷ 64
❸ 10　❹ 42
❺ 24　❻ 24
❼ 14　❽ 3
❾ 20　❿ 54
⓫ 6　⓬ 25

2 ○ 6、12、18、24、30、36、42、48、54
△ 8、16、24、32、40、48、56

てびき 2 24 と 48 には、○と△の両方がつきます。

25　51・52ページ

1 ❶ ㋓
❷ ㋑
❸ ㋒
❹ ㋐

2

	かける数				
かけられる数	2	5	7	8	9
5	10	25	35	40	45
6	12	30	42	48	54
2	4	10	14	16	18
9	18	45	63	72	81

★ ★ ★

1 ❶ 20　❷ 18
❸ 18　❹ 5
❺ 49　❻ 24
❼ 12　❽ 54
❾ 64　❿ 27
⓫ 18　⓬ 28

2 ○ 14、42、56、49、28、21、63、35
△ 27、36、18、54、72、81、63、45

てびき **2** 63には、○と△の両方がつきます。

26　53・54ページ

1

		かける数								
		1	2	3	4	5	6	7	8	9
かけられる数	1	1	2	3	4	5	6	7	8	9
	2	2	4	6	8	10	12	14	16	18
	3	3	6	9	12	15	18	21	24	27
	4	4	8	12	16	20	24	28	32	36
	5	5	10	15	20	25	30	35	40	45
	6	6	12	18	24	30	36	42	48	54
	7	7	14	21	28	35	42	49	56	63
	8	8	16	24	32	40	48	56	64	72
	9	9	18	27	36	45	54	63	72	81

2 5、5

★ ★ ★

1 ❶ 1×8、2×4、4×2、8×1
❷ 2×6、3×4、4×3、6×2
❸ 2×8、4×4、8×2
❹ 4×9、6×6、9×4

2 ❶ 56
❷ ㋒

27　55・56ページ

1 ❶ かけられる数
❷ 同じ

2 ❶ 2
❷ 7
❸ 6

3 ㋒

★ ★ ★

1 ❶ 14、21、7(ふえる)
❷ 4　❸ 3
❹ 6　❺ 9
❻ 2　❼ 8
❽ 8　❾ 2

2 ❶ ㋑　❷ ㋐
❸ ㋒

28　57・58ページ

1 ❶ 24、27、30、33、36
❷ 27、9、27、9、36

★ ★ ★

1 ❶ 4、36、24、60
❷ 9、16、72、88
❸ 5、20、28、48
❹ 13×5
=8×5+5×5
=40+25
=65
❺ 14×9
=6×9+8×9
=54+72
=126

29

59ページ

1 ❶ 6　❷ 36
❸ 42　❹ 56
❺ 9　❻ 7
❼ 3　❽ 6
❾ 9　❿ 2

2 ❶ 5×7＝35、35
❷ 8×8＝64、64
❸ 4×6＝24、24

てびき 1 ❶ 2の3倍を求める式は2×3＝6です。❷～❹も同じように考えます。
❺ 9の段の九九から、答えが81になるものを探します。九九81だから、□に合う数は9です。❻❼も同じように考えます。
❽「なに五30」だったかを考えると、六五30だから、□に合う数は6です。❾❿も同じように考えます。

30

60ページ

1 ❶ 12　❷ 24
❸ 45　❹ 24
❺ 48　❻ 28
❼ 63　❽ 48
❾ 6　❿ 16
⓫ 21　⓬ 35
⓭ 36　⓮ 9
⓯ 54　⓰ 56
⓱ 72　⓲ 42
⓳ 64　⓴ 81

31

61ページ

1 ❶ 8
❷ 5
❸ 7
❹ 9
❺ 1
❻ 3

2 ❶ 28　❷ 102

てびき 2 ❶ 2×9と2×5に分けて考えた場合、
2×9＝18、2×5＝10だから
2×14＝18＋10＝28　です。
2×8と2×6に分けるなど、他の分け方をしても答えは同じになります。計算のしやすい分け方を選ぶと良いでしょう。
❷ 17は9と8だから、
17×6
＝9×6＋8×6
＝54＋48
＝102　です。

32

62ページ

1 ❶ 5　❷ 3
❸ 8　❹ 6
❺ 4　❻ 1
❼ 8　❽ 3

2 ❶ 3　❷ 9
❸ 6　❹ 3
❺ 6　❻ 7

3 3×8、4×6、6×4、8×3

3 2 1 0 9 8 7 6 5 4
＊ ＊ D C B A